SITZUNGSBERICHTE DER DEUTSCHEN AKADEMIE
DER WISSENSCHAFTEN ZU BERLIN

Klasse für Mathematik und allgemeine Naturwissenschaften
Jahrgang 1952 Nr. V

PAUL RAMDOHR

MALDONIT

—

NEUE BEOBACHTUNGEN AM BÜHL-EISEN

1 9 5 3

AKADEMIE-VERLAG · BERLIN

Vorgetragen in der Gesamtsitzung vom 27. November 1952
Zum Druck genehmigt am gleichen Tage, ausgegeben am 28. April 1953

Erschienen im Akademie-Verlag GmbH., Berlin NW 7, Schiffbauerdamm 19
Veröffentlicht unter der Lizenznummer 1218
des Amtes für Literatur u. Verlagswesen der Deutschen Demokratischen Republik
Satz und Druck der Buchdruckerei F. Mitzlaff, Rudolstadt V/14/7
Bestell- und Verlagsnummer 2010/52/I/5
Preis: DM 2,40
Printed in Germany

Maldonit

Das Zusammenvorkommen von Gold und Wismut ist geochemisch nicht selten und z. B. von Pegmatiten, von Kontaktlagerstätten und von manchen Goldquarzen wohlbekannt. Sowohl Gold wie Wismut sind hier angereichert in Spätkristallisationen und ein Aufsuchen von Fällen, wo beide entweder im unmittelbaren Kontakt vorliegen oder etwa eine Verbindung bilden, erscheint also nicht hoffnungslos. Verfasser hat nun seit langem versucht, solche Fälle zu Gesicht zu bekommen und hat manche wertvolle Probe, z. B. Gold-Wismut-haltiger Pegmatite und Kontaktlagerstätten vergeblich darauf untersucht. Unter pegmatitischen Bedingungen schienen die Affinität von Bi zu S, in Kontaktlagerstätten und Goldquarzen die Affinität von Bi und auch von Au zu dem hier meist vorhandenen Te ein wenigstens unmittelbares Nebeneinander von Wismut und Gold in gediegener Form fast auszuschließen (vgl. aber WATANABE!). Ged. Gold mit Wismutglanz bzw. ged. Gold mit Tetradymit (Bi_2Te_2S) oder Tellurobismutit (Bi_2Te_3) wurden dagegen oft beobachtet und sind auch im Schrifttum (z. B. über Boliden, einige Goldquarze in Canada u. a.) mehrfach beschrieben. — Diesen Beobachtungen stand gegenüber einmal die schon recht alte Angabe (1), daß in der Maldon-Mine in Victoria eine Gold-Wismutverbindung Au_2Bi vorkommen sollte, und die aus der Untersuchung des Systems Au-Bi ebenfalls recht lange bekannte Tatsache, daß hier eine Phase Au_2Bi sich leicht bildet. JURIAANSE (2) hat diese Verbindung untersucht und als strukturell dem Cu_2Mg (C_{15})-Typ zugehörend und damit als kubisch mit $a_0 = 7{,}942$ Å erkannt. Material von dem Original-„Maldonit" der Maldon Mine zu bekommen, war schwierig;

immerhin hatte die Berliner Sammlung eine winzige so bezeichnete Probe, deren mikroskopische Untersuchung möglich war.

Über das Ergebnis dieser Untersuchung hat Verf. in beiläufiger Form an mehreren Stellen kurz berichtet (3, 4, 5). Der „Maldonit" erwies sich als eine prachtvoll entwickelte myrmekitische, übrigens recht grobe Verwachsung von ged. Gold und ged. Wismut in recht gleichbleibendem Flächenverhältnis Au : Bi $\sim$ 1 : 1[1]. Daraus schloß der Verfasser, daß der „Maldonit" als Verbindung sich zwar bei hoher Temperatur bildete, aber im Naturvorkommen spontan bei sinkender Temperatur in die reinen Komponenten zerfällt, die künstliche Verbindung bei Laboratoriumsbedingungen aber dem Zerfall noch entgangen sei. „Maldonit" wurde also bei den „ausgestorbenen Mineralien" eingereiht, Verbindungen oder Mischkristallen, die bei hoher Temperatur oder hohen Drucken sich bildeten, im Augenblick der Auffindung aber zerfallen, zersetzt, geschmolzen oder sonstwie zerstört sind. Konsequentes Durchdenken der Frage, ob man solche Verbindungen ins Mineralsystem aufnehmen soll oder nicht, wird zu erstaunlichen Schlüssen führen; wir rechnen z. B. den Kryohalit ($NaCl \cdot 2\,H_2O$) zu den Mineralien, weil er im Winter in Salzquellen Sibiriens gefunden werden kann, müßten ihn aber als „ausgestorbenes Mineral" ansehen, wenn wir beispielsweise nur im Sommer im Schlamm ihm entsprechende Hohldrucke fänden. Die Definition des „Minerals" ist hier eben tatsächlich nicht erschöpfend.

Der Aufenthalt in Victoria, der Heimat des Originalmaldonits, gab nun die Aussicht, etwas vollständigeres Material durchsuchen zu können. Allerdings: Auch hier ist Maldonit sehr dünn gesät; die Grube liegt lange still, aber auch schon vorher war Jahrzehnte hindurch kein „Maldonit" in die Sammlungen gekommen, z. T. vielleicht dadurch, daß auf der ganzen Welt die

[1] Ganz ähnlich beschreibt, nach Abschluß dieser Arbeit, S. KOCH „Maldonit" auch aus Ungarn (8).

mineralogische Durcharbeitung der Gruben mit zunehmendem Arbeitstempo und mit der Einführung der Flotation nicht mehr so wichtig erschien. Erst die neueste Zeit hat erkannt, daß diese Unterlassung letzten Endes die wirtschaftliche Ausnutzung der Gruben schwer schädigen kann. Immerhin hatte die gerade an Goldvorkommen so reiche mineralogische Abteilung des National-Museums in Melbourne einige Proben, von denen mir Mrs. WHINCUP, die Leiterin dieser Abteilung, einige (fünf) Splitterchen zur Untersuchung überließ. Trotz ihrer Kleinheit waren diese übrigens für die Untersuchung völlig ausreichend; allein die Angaben über die Paragenesis würden selbstverständlich bei größeren und zahlreicheren Proben vollständiger sein.

Die Herstellung der Schliffe machte sehr erhebliche Schwierigkeiten, bedingt einmal durch die Kleinheit der Proben, dann aber durch die enormen Härteunterschiede Quarz + Arsenkies einerseits, Gold und Wismut andererseits, gelang aber, abgesehen von zwar unschöner, aber nicht störender Verkratzung, schließlich leidlich.

Um das Ergebnis vorwegzunehmen: Es besteht kein Zweifel, daß *Maldonit als definierte Verbindung* Au_2Bi *im Naturvorkommen der Originallagerstätte auch noch wohlerhalten vorkommt*, daß aber diese Verbindung einmal viel reichlicher war, jedoch aus schwer ersichtlichem Anlaß meist in ein myrmekitisches Gemenge von Gold und Wismut zerfallen ist.

In den untersuchten Stücken war zunächst, teilweise schon mit starker Lupe, überall leicht die myrmekitische Verwachsung, wie sie mir vom Berliner Stück bekannt war, zu erkennen. Das Korn der Verwachsung war wenig wechselnd und relativ grob, immerhin durchschnittlich feiner als in der ersten Probe. Die Abb. 1 und 2 zeigen die prächtigen verschränkten Formen gut. Vielfach konnten aber in den Verwachsungen kleine, oft das Ausmaß des Einzel„fingers“ nicht überschreitende Partikel einer gegen Bi deutlich, gegen Au wenig härteren Substanz mit schwächerem R.V. und bläulichem Farbton festgestellt werden. Ob der bläuliche Farbton reell ist oder nur im Kontrast gegen das gelbe Gold und das cremefarbige Bi vorgetäuscht ist, war zunächst nicht anzugeben (s. u.). In einigen Fällen wurde diese Komponente reichlicher und war dann plötzlich allein vorhanden, in allem anzeigend, daß sie das Ausgangsmaterial darstellte, aus dem Bi und Au entstanden sind. Daß Reste von der Substanz auch in den zerfallenen Teilen stellenweise erhalten sind, beruht auf lokalen Umkrustungen besonders durch Gold, also auf einer mangelhaften Gleichgewichtseinstellung. Die alte Oberfläche der früheren Maldonitmasse ist gut erkennbar, wesentliche Umlagerungen und auch Volumänderungen haben nicht stattgefunden.

Der Anlaß des Zerfalls ist nicht anzugeben, steht aber offenbar im Zusammenhang mit dem Auftreten eines jüngeren, wohlverstanden aber durchaus aszendenten Wismuts. Von dessen Grenze aus geht der Zerfall vor sich bis zu einer gewissen, etwa gleichmäßigen Tiefe, und es scheint lediglich von der Größe des ursprünglichen Maldonitaggregats abzuhängen, ob es ganz oder nur z. T. in Myrmekit zerfiel, natürlich abgesehen von den kleinen „gepanzerten" Relikten.

Selbstverständlich legte diese Art des Vorkommens die Frage nahe, ob nicht das bläuliche Mineral durch Bi-Zufuhr zerstört, mit anderen Worten, verdrängt sei und irgendeine andere Goldverbindung darstellt. Dieses Bedenken ließ sich leicht beseitigen. STILLWELL u. EDWARDS (6) haben in anderem Zusammenhang durch Schmelzen eines Gemisches von 2 Au + 1 Bi künstlichen Maldonit hergestellt, von dem das Präparat zugänglich war. Da mangelnde Gleichgewichtseinstellung noch Reste von Bi und Au gelassen hat, kann hier Au_2Bi neben Gold und Bi beobachtet werden — kein Zweifel besteht, daß das bläuliche Golderz wirklich mit künstlichem Au_2Bi übereinstimmt, also „Maldonit" der ursprünglichen Definition ist.

Genetisch von Interesse ist, daß offenbar gleichaltrig mit dem jüngeren, d. h. nicht aus Maldonit stammenden Wismut einige Funken von Gold von ganz anderer Verwachsungsform auftreten, die zudem erheblich weißer gefärbt sind[1]) als das offenbar sehr reine dunkelgelbe Gold der Myrmekite. Das bedeutet doch wohl, daß tatsächlich in dem späteren Mineralbildungsprozeß die Verbindung sich nicht mehr bilden konnte, obwohl es chemisch denkbar gewesen wäre. Dem entspricht eine Beobachtung von WATANABE (7), der aus einer Kontaktlagerstätte ein Nebeneinander von ged. Gold und ged. Wismut in Kügelchenform im Kupferkies abbildet. Oft sind im selben Kügelchen Gold und Wismut ohne eine Verbindung zu bilden und ohne eine Zerfallsstruktur gleichaltrig nebeneinander vorhanden.

Über die Eigenschaften des unzerfallenen Maldonits sei zusammenfassend noch kurz berichtet.

Polierverhalten. Gut, erheblich besser als bei den durch seinen Zerfall entstehenden Mineralien Gold und Wismut. Die Schleifhärte ist gering, offenbar etwas größer als bei Bleiglanz, wenig $>$ Gold, viel $\gg$ als Wismut.

Reflexionsverhalten. Das Reflexionsvermögen ist sehr hoch, aber doch nicht ganz metallartig, geschätzt nach Vergleich mit ged. Bi und Arsenkies, etwa 50—60%. Die Farbe ist infolge des Kontrastes sowohl gegen das sattgelbe Gold wie gegen das cremefarbige Bi schwer anzusprechen. Sie erscheint gegen Wismut in Luft dunkler und grünlichgrau, in Öl bläulichgrau.

Abweichungen von der zu erwartenden Isotropie wurden nicht erkannt.

Das *Ätzverhalten* wurde nicht untersucht.

Von den *Begleitern* wäre noch zu berichten, daß das *Wismut* der Myrmekite körnig ist und keine Zwillingslamellen beobachtet sind, daß aber das jüngere Wismut solche geradezu hervorragend

---

[1] Ob die weißere Farbe hier auf Ag-Gehalte zurückgeht, ist noch nicht klar, da an sich die Maldon-Mine sehr arm an Ag ist.

erkennen läßt. — Der *Arsenkies* kommt in Kristallen von mehreren Millimetern vor. — Der *Quarz* stellt einen mäßig getrübten Goldquarz dar, vielleicht etwas weniger getrübt als der Durchschnitt der sonst recht stark weißen Goldquarze von Victoria. Ein wenig Bleiglanz zeigt nichts Auffallendes.

Schrifttum

1. ULRICH, G. H. F., Contrib. to the mineralogy of Victoria. Melbourne 1870. 4.
2. JURRIAANSE, T., The Crystal Structure of Au_2Bi. Z. Krist. (A.) **90**, 322 bis 329 (1935).
3.—5. RAMDOHR, P., Tscherm. Mitt. **52**, 269 (1940); Myrmekitische Verwachsungen von Erzen, N. Jahrb. Min. Beil. **79 A**, 161 (1945); Die Erzmineralien und ihre Verwachsungen. Berlin 1949.
6. STILLWELL, F. L., u. EDWARDS, A. B., Coated gold from Cobar, New South Wales. Australas. Inst. Min. Met. Proc. **121**, 3/4 (1941).
7. WATANABE, T., Geology and mineralisation of the Suian District, Tyôsen (Korea). 3. Report. Journ. Fac. Sci. Hokkaido Univ. Ser. IV, Vol. VI, 205—303 (vgl. bes. Plate 75, 1).
8. KOCH, S., Bismuth minerals in the Carpathian Basin. Publ. Mineral.-petr. Inst. Univ. Szeged, Hungary, Tom. II, 1—23 (1948).

Abbildungen

Abb. 1. *Maldonit*, Maldon-Mine, Victoria. Vergr. 80×.

Unzersetzter *Maldonit* ganz oben, gute Politur, getrennt von jüngerem *Wismut* (unten!) durch einen etwa ½ mm breiten Myrmekitsaum aus *Gold*, durch schlechte Politur und Relief grau erscheinend, und *Wismut*, hier durch Scharfeinstellung etwas heller.

Abb. 2. *Maldonit*, Maldon-Mine, Victoria. Vergr. 250× (trocken!), 1 Nic.

Lichtgrau, z. T. mit Sprüngen und Ausbrüchen *Maldonit*. Er zeigt oft Säume von *Gold* (am hellsten). *Wismut* ist durch starken Härteunterschied sichtbar.

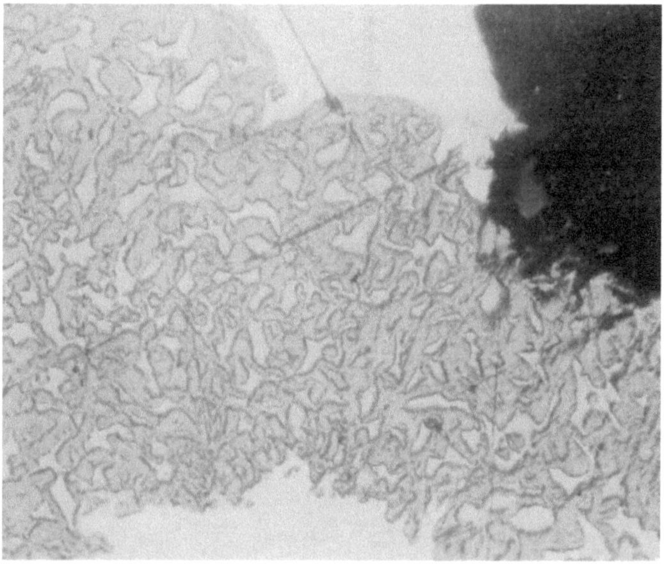

1

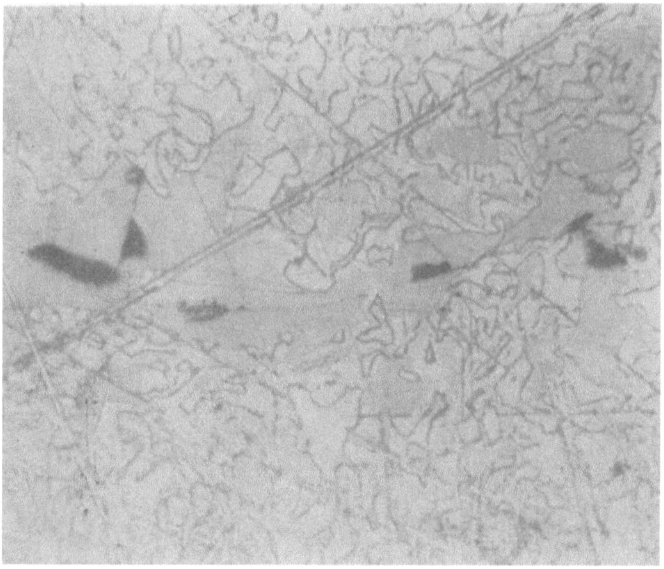

2

Neue Beobachtungen am Bühl-Eisen

Das gediegene Eisen aus dem jetzt unter Wasser stehenden Basaltsteinbruch am Bühl bei Kassel hat seinerzeit das Interesse aller Mineralogen gehabt und ist so sehr frühzeitig durch Eitel (1) und Irmer (2) erzmikroskopisch bearbeitet worden, eine Bearbeitung, die auch in sehr ausführlichem Referat in Doelters Handbuch erscheint.

Durch freundliche Leihgaben von verschiedener Seite wie durch die guten Stücke des Heidelberger Instituts wurde der Verf. nun in die Lage gesetzt, eine Reihe zusätzlicher und berichtigender Angaben zu machen. In erster Linie interessierte ihn die Genesis des Eisens, da ihm, besonders durch den Vergleich mit dem Ovifakeisen und mit anderen Eisen aus Basalten, die Deutung von Eitel nicht ganz wahrscheinlich erschien; weiter aber waren es einige Beobachtungen an anderen Komponenten dieser Eisenknollen, die auffällig waren. Es wird sich im folgenden zeigen, daß zwar im Augenblick ihres Erscheinens die genannten Arbeiten bewundernswerte Leistungen darstellten, insgesamt aber schon Probleme lösen wollten, die mit den damaligen Kenntnissen noch nicht lösbar waren, also heute überholt sind. Das stellte bereits Betechtin (3) in einer beiläufigen Bemerkung fest.

Vorweg ist zu bemerken, daß es mehrere Typen von Eisen am Bühl gab, die zwar nicht scharf getrennt sind, aber eben doch eine Einteilung erlauben. Die *erste* Gruppe stellt meist recht große Knollen dar (Apfelgröße und mehr), in denen außen eine vom Basalt sich oft leicht lösende Kruste von $\frac{1}{2}$ cm Dicke vorliegt, die ganz arm an Eisen ist, und ein Kern, in dem das Eisen in Form meist recht vereinzelter und nicht großer Tropfen in einer überwiegend glasigen und recht saueren Silikatmasse vorliegt (Abb. 1 a, b). Neben Eisen führen diese Knollen, in ähnlicher Größe und Form und oft reichlicher, Tropfen von Magnetkies. Die *zweite* Gruppe besteht (Abb. 2a, b, c) aus meist viel kleineren, mit dem Basalt weit enger verwachsenen Knollen, die einen lockeren, aber meist zusammenhängenden Schwamm von Eisen neben flächenmäßig etwa gleichviel oder wenig überwiegend Silikat, das in der Hauptsache kristallin ist und chemisch etwa dem Basalt entspricht, besitzen. Sulfid ist zwar sehr verbreitet, tritt aber mengenmäßig stark zurück. Auch die zweite Gruppe kann einmal größere Knollen bilden. Die größte mir bekannt gewordene hatte etwa das Ausmaß eines kleinen runden Brotlaibs. Dieser Typ ist insgesamt viel wechselvoller. Ersichtlich schwankten die Bildungsumstände lokal ganz stark, was sich aus dem auf kürzeste Erstreckung wechselnden Reduktionsgrad, insbesondere aber dem bereits auf 1 mm oft ganz verschiedenen Gehalt an Cohenit (Cementit) äußert. Übrigens ist generell, von winzigen, ganz lokalen Ausnahmen abgesehen, der Cohenitgehalt erheblich kleiner als im Ovifakeisen; der sogenannte „Nadelcementit“ (viel besser wäre „Lamellencementit“) wurde am Bühl nie beobachtet. Eine Bildung, wie sie EITEL annimmt, aus Schwefelkiesknollen der Braunkohle, die auf dem Umweg über Magnetkiesknollen und Magnetitknollen schließlich zu Eisen $\pm$ Cohenit werden, halte ich in vielen Fällen für ausgeschlossen. Daß die häufigen kompakten oder lockeren Knollen von Magnetkies überhaupt je auch nur in Spuren, geschweige denn in stärkerem Umfang in Magnetit abgeröstet seien, habe ich nie beobachtet; auch an den häufigen Berührungsstellen von Eisen und Magnetkies (den man hier, da nach den Erfahrungen der Meteoritenkunde wie der Metallurgie neben met. Eisen kein Fe-Defizit gegen FeS vorliegt, mit Korrektheit „Troilit“ nennen kann) fehlt Magnetit fast stets (Abb. 10). Was EITEL dafür gehalten hat, ist, wie die Abb. 8 u. 9 zeigen, Ilmenit bzw. manchmal ein Übergangsglied zum

Geikielith ($MgTiO_3$). Diese Feststellung ist durchaus eindeutig. Dagegen finden sich am Bühl nicht selten Knollen von kleinen Eisenglanzkörnern ebenfalls bis zu ansehnlicher Größe, in denen manchmal mehr oder minder skelettartig durch die zu erwartende Teilreduktion Magnetitkristalle entstehen. Verf. hat Schnitte dieser Knollen (4, Abb. 3, Taf. VII, u. 5, Abb. 393) veröffentlicht. Sulfid enthalten sie nur spurenhaft, überhaupt hat sich innerhalb des Basaltes bei ihnen sicher Reduktion, nicht Oxydation abgespielt. Verf. meint, daß sowohl Eisen- wie Hämatitknollen zunächst unzweifelhaft Fremdeinschlüsse des Basaltes und zwar solche entweder von Brauneisen oder von Spateisen aus der Braunkohle sind. Wo diese frühzeitig irgendwie zu Eisenglanz oxydierten, waren sie sehr beständig, sonst aber wurde $FeCO_3$ (das in mitteldeutschen Braunkohlen oft sehr häufig ist, auch vielfach eine dicke Brauneisenkruste hat), über das unbeständige FeO zu Eisen reduziert. Nur für die Gruppe 1 möchte ich die Herkunft auf dem von Eitel angenommenen Weg für möglich (*nicht* wahrscheinlich!) halten!

Bei der Reduktion von Eisen auf dem von mir vermuteten (übrigens auch nach Betechtin wahrscheinlicheren) Weg wäre, wenn auch in einem schmalen und nach tieferen Temperaturen verschwindenden Gebiet, die intermediäre Bildung und bei hinreichend schneller Abkühlung auch Erhaltung von natürlichem FeO, dem *Wüstit* der Eisenhüttenkunde, neben Fe denkbar. Dieser ist als Mineral noch nicht bekannt. Es hat zwar 1924 A. Brun (6, 7) gemeint, FeO in rezenten Laven von Lipari entdeckt zu haben und es sogar „*Iozit*" genannt, aber seine Angaben und Analysenberechnungen sind so vage und diejenigen über Magnetismus, Farbe und Kristallform stimmen so schlecht mit den wirklichen von FeO, daß man stets den „Iozit" für zweifelhaft ansah, zumal der Autor überhaupt eine „unglückliche Hand" hatte. Seitdem die tatsächlichen Bildungsbedingungen von FeO bekannt sind (8, 9), kann man mit großer Wahrscheinlichkeit behaupten, daß der Brunsche Iozit *kein* FeO war, da ged. Fe neben ihm nicht registriert ist! Hier am Bühl wäre er aber, wie gesagt, denkbar, und so wurde besonders auf ihn geachtet.

In einer Anschliffprobe von etwa $6\frac{1}{2} \times 6\frac{1}{2}$ cm aus einer schönen Probe des zweiten Typs wurde nun bevorzugt in den einspringenden Buchten zwischen den 8 er-förmig oder perlschnurartig aneinandergereihten Eisentropfen und neben Magnetkies in unterbrochenen Krusten auf diesen ein Mineral beobachtet, das dem Verf. unbekannt war. Es ähnelt in Härte, Farbe und Reflexionsvermögen, wegen der Vergesellschaft mit Magnetkies trotz der Überstrahlung durch ged. Eisen relativ leicht anzusprechenden Eigenschaften, weitgehend dem gewöhnlichen Fahlerz, das aber nach der Paragenese ausgeschlossen ist. Die Ähnlichkeit trifft in Luft und Öl zu. Das Mineral ist isotrop. Da so große Anschliffe sich kaum vollständig durchpolieren lassen, wurden an mehreren Stellen (Abb. 3, 4) sehr deutliche und völlig bleiglanzartige Spaltausbrüche beobachtet, d. h. das Mineral hat mit großer Wahrscheinlichkeit ein Steinsalzgitter. Damit lag natürlich der starke Verdacht vor, daß hier in der Tat natürlicher Wüstit realisiert sei. Eine von Kollegen W. BORCHERT mit einer winzigen herausgebohrten Probe hergestellte Pulveraufnahme, die ganz klar die Merkmale des Steinsalzgittertyps zeigte, schien das zu bestätigen. — Ganz überraschend war nun aber das Ergebnis der Messung. Sie führte zu einer Gitterkonstante von etwa 5, 15 Å, die also ganz stark vom Wert des FeO — 4,27 Å — abweicht und dieses ausschließt! Eine mir in freundlicher Weise von Kollegen Prof. TRÖMEL vom Max-Planck-Institut für Eisenforschung zur Verfügung gestellte Probe von synthetischem FeO zeigte dann auch im Anschliff erheblich andere Eigenschaften. — Aber was ist denn nun dieses fragliche Mineral?!

Unter den bekannten und mit der Paragenese auch nur einigermaßen verträglichen Mineralien mit Steinsalz- oder verwandten Gittern kommt *keines* in Frage. Aber auch bei den in den

Strukturtabellen aufgezählten künstlichen Verbindungen mit diesem Gitter findet sich kaum eine, die hierher paßt. Die einzige, deren Wert etwa in diesen Bereich fällt, ist FeTi, von dem zwar a_0 noch nicht bestimmt zu sein scheint, aber zwischen 5,1 und 5,2 sein muß! An dieses wurde dann natürlich gedacht, um so mehr, als es in die Paragenese gut passen würde. Durch Herrn Koll. Dr. H. Schenck in Aachen erhielt ich Proben von synthetischem FeTi, die aber durch erheblich höheres R.V. die Deutung des fraglichen Minerals als natürliches FeTi ausschließen. Außerdem würde FeTi die Beobachtung schwer erklären, daß das fragliche Mineral in seinen größten Körnern winzigste Zerfalls- oder Entmischungskörperchen von FeS führt, und daß der Magnetkies selbst ebensolche Körper des fraglichen Minerals wirr, aber mit gewisser Bevorzugung (0001), eingelagert enthält.

Es könnte eine diskutierbare Deutung sein, daß — etwa durch Keime von FeTi oder MnS oder durch Mischkristallbildung mit diesen angeregt — die hypothetische kubische Form des FeS sich hier gebildet hat. Die Kombination mit MnS scheint dem Verf. jetzt *besonders wahrscheinlich*, als ihm neuerdings ein „Alabandin" zu Gesicht kam, der etwa 40% Magnetkies als Entmischungskörper enthielt. MnS hat $a_0 = 5{,}21$ Å, FeS hätte im Steinsalzgitter etwa 5,10 Å, wie mir Kollege Borchert freundlichst mitteilt, so daß der Wert 5,15 Å recht gut passen würde. Die Herkunft der Knollen aus Sphärosideriten würde kleine Mn-Gehalte natürlich ohne weiteres erklären, ja geradezu erfordern.

Die bisher beschriebene Probe war ziemlich arm an dem sonst sehr reichlichen Ilmenit.

Nach dem neuen Mineral wurde in einer größeren Anzahl weiterer Schliffe, aber erfolglos gesucht. Daß ein Schliff es häufig enthält, andere aber gar nicht, deutet bei dem uniformen Stoffbestand (nicht *Mineral*-Bestand!) auf besondere Bildungsbedingungen, nicht auf ein Mineral eines zufällig lokal in die

Paragenese geratenen Elements. Eine ebensolche Nachsuche wurde, wieder vergeblich, in den mir vorliegenden Proben von Ovifak vorgenommen[1]).

Der Ulvöspinell

Bei mehreren anderen Stücken konnte aber eine Anzahl eigentümlicher neuer Beobachtungen gemacht werden, von denen die m. E. wichtigste hier mitgeteilt sei.

In einem Schnitt des überhaupt größten Brockens von Bühleisen, der mir zu Gesicht kam und mindestens 10 × 20 × 20 cm groß gewesen sein muß, war der Eisenanteil besonders groß, flächenmäßig größer als der Silikatanteil; zudem war es eine der wenigen Proben, die größere Mengen noch unreduzierten Magnetits als Füllsel zwischen dem Eisenschwamm enthielt. Daneben fand Magnetit sich auch als „sekundäre" Bildung aus Eisen zurückgebildet. In sehr viel kleinerer Menge waren Magnetkies, dünntafeliger „Ilmenit" und ein Mineral vorhanden, das in der Reflexfarbe gewissen Mn-reichen Ilmeniten ähnelte, aber wegen seiner Isotropie und Begleitung von typischem Ilmenit etwas anderes sein mußte. Genauere Durchmusterung zeigte viele scharf idiomorphe und z. T. etwas skelettförmige oktaedrische Kristalle, besonders bei Ölimmersion ausgezeichnet durch braunrote Reflexfarbe und ein Reflexionsvermögen erheblich unter dem des Magnetits und auch wohl eine Spur unter E, der schwächer reflektierenden Richtung des Ilmenits. Der Vergleich war durch unmittelbares Angrenzen an beide Mineralien leicht.

Die Deutung ist hier relativ einfach: Das rotbraune kubische Mineral zerfällt in allen Stadien unter Bildung von überwiegend Ilmenit mit etwas Magnetit, oft unter gleichzeitiger Entstehung von etwas met. Eisen. Das Vordringen des Ilmenits gegen unser

---

1 Eine kleine Menge fand sich dagegen in einer kleinen Troilitknolle eines ataxitischen Meteoreisens unbekannter Herkunft.

Mineral gleicht formal teilweise der Martitisierung von Magnetit, meist sind aber die Lamellen gedrungener und weniger regelmäßig, auch durchsetzen einige Ilmenitlamellen das Mineral ganz. Geochemisch kommen hier (abgesehen von C als Fe_3C und möglicherweise P als Fe_3P, beide hoch metallglänzend und daher auszuschließen) eigentlich nur die Atome oder Ionen von Fe, Ti und O in Frage. Und so ist es denn auch: Das fragliche Mineral ist der *Spinell* Fe_2TiO_4, vor wenigen Jahren erstmalig als feinstes Entmischungsprodukt sauerstoffarmer Titanomagnetite der Insel Ulvö durch MOGENSEN (10) beschrieben, vom Verf. (5) ebenso in Titanomagnetiten des Bushvelds (und vieler anderer Vorkommen) erkannt und zuletzt durch HJELMQUIST (11) durch ein prachtvolles Bild von Smålands Taberg belegt[1]). In allen Fällen bisher handelt es sich aber um extrem feine Entmischungsnetze, erkennbar nur für gute Beobachter bei stärksten Vergrößerungen — *hier sind es selbständige Kristalle bis 0,2 mm Durchmesser.* Das Mineral hat noch keinen Namen, wurde aber von MOGENSEN freibleibend „Ulvöspinell" genannt; es wäre wünschenswert, daß der Entdecker bald einen der mineralogischen Namengebung konformen Namen vorschlagen würde.

Genetisch ist die Bildung des „Ulvöspinells" hier folgendermaßen zu erklären: Der Bühlbasalt liefert, wie jeder Anschliff zeigt, normalerweise reichlich Ilmenit. In den Eisenknollen herrschen natürlich stark reduzierende Bedingungen vor, die sich gewöhnlich so äußern, daß aus Ilmenit FeO auswandert, um zu Fe zu werden, während gleichzeitig MgO einwandert und so Geikielith entsteht. In dem Falle aber, wo MgO nicht zuwandern kann und Fe im Überschuß vorliegt, scheint etwa die Reaktion einzutreten $Fe_2O_3 + 2\,FeTiO_3 = 2\,Fe_2TiO_4 + O$.

---

[1] HJELMQUIST gibt seine Bestimmung nur mit Einschränkung, da er röntgenographisch den Unterschied der Gitterkonstante von der des Magnetits nicht sicher feststellen konnte. Nach der Sachlage ist aber auch bei ihm eine wenigstens sehr nahe verwandte Mischung gesichert.

Im weiteren Verlauf der Geschichte des Gesteins hört, wohl mit dem Sinken der Temperatur und Verschwinden des C aus der Reaktion, die Reduktion auf und leichte Oxydation tritt ein, wie die massenhaften, leicht als spätere Bildung erkennbaren traubig-schaligen Krusten von Magnetit auf Eisen zeigen. Der Ulvöspinell zerfällt dann etwa nach der Formel $3\ Fe_2TiO_4 + O = 3\ FeTiO_3 + Fe_3O_4$ (Abb. 5, 6, 7). Es kann aber auch, daneben oder allein, eine eigentümliche innere Umbildung *ohne* Sauerstoffzufuhr erfolgen, genau entsprechend dem im Experiment fast stets stattfindenden teilweisen Zerfall von $4\ FeO \rightarrow Fe + Fe_3O_4$, etwa $4\ Fe_2TiO_4 = Fe + 4\ FeTiO_3 + Fe_3O_4$. Ob man dabei eine intermediäre Bildung von FeO zu Hilfe nimmt, wozu mikroskopisch keinerlei Anlaß besteht, oder den Umsatz als unmittelbar erfolgend annimmt, ist unwesentlich.

Der bei diesem Zerfall entstehende Ilmenit ist in Öl eine Spur heller als der „primäre" des Gesteins. Das entspricht der wohl zutreffenden Annahme eines bereits primär vorhandenen kleinen MgO-Gehalts in letzterem. Das Eisen ist als solches auch bei dieser Feinheit unverkennbar und bildet mit dem neuentstandenen Ilmenit und Magnetit einen extrem feinen Schwamm.

Eisen ist keineswegs immer vorhanden und fehlt oft, auch dort, wo es nicht (wie in Abb. 7) ausgelaugt sein kann. Beide angeführten Formeln treffen also zu. Die Menge des neuentstandenen Magnetits ist vielleicht kleiner, als die Theorie verlangt. Das ist, da bei hoher Temperatur $FeTiO_3$ etwas Fe_3O_4 löst, nicht erstaunlich. — Einige Male wurde neben dem beim Zerfall entstandenen Eisen in ganz gleicher Verteilung eine Spur Magnetkies aufgefunden. Ob dieser ebenfalls als Zerfallsprodukt einer festen Lösung im Ulvöspinell anzusehen ist, was bei solch hohen Temperaturen denkbar wäre, kann nicht angegeben werden.

Die Umbildung des Eisens in Magnesioferrit

Eine mit dem bisher besprochenen nicht in engerer Beziehung stehende überraschende Beobachtung sei weiter mitgeteilt: Viele der Eisenknollen des Bühls zeigen besonders in Randpartien, aber auch buchten- oder fleckenförmig in anderen Teilen eine Umsetzung, die in *traubig-nieriger* Form gegen das Eisen vorschreitet und dieses allmählich ganz ersetzt. Nur die Cementitkörperchen bleiben intakt. In der unmittelbaren Nähe des Eisens hat man kaum einen Zweifel, daß die Neubildung aus Magnetit besteht. Herauspräparierte Körnchen sind auch deutlich magnetisch. Nach außen nimmt aber, ganz allmählich oder mit sehr zarten traubig-schaligen Stufen rhythmisch, das Reflexionsvermögen ab, bis es fast gangartähnlich wird (Abb. 8). Daneben treten zunächst spärliche und sehr dunkle, dann immer mehr und schließlich massenhafte braune Innenreflexe auf. Die rhythmischen Formen und die braunen Innenreflexe der Außenteile haben bisher wohl allgemein diese Partien als Brauneisen, submikroskopisch feinkörnig, oder auch als Siderogel anzusehen verleitet. Das ist um so eher verständlich, als in Proben von Außenteilen der Ovifakeisen Brauneisen sich sehr häufig und in ähnlicher Form gebildet hat. Allerdings ist zu beachten, daß Ovifakeisen sehr häufig tiefgründig angewittert ist, während von dünnen erst nach der Aufsammlung entstandenen Rostkrusten abgesehen, das Bühleisen in seiner Matrix völlig frisch erscheint. Der Sache nachzugehen wurde ich durch das allmähliche Abklingen der Reflexion und die Zunahme der Durchsichtigkeit veranlaßt. Ich habe so Herrn Kollegen Borchert gebeten, Pulveraufnahmen herausgebohrter Proben zu machen. Ohne Rücksicht auf das Reflexionsvermögen erschien ziemlich unverändert jedesmal ein Spinelldiagramm. a_0 weicht von den erheblich kleineren Werten der Aluminatspinelle deutlich ab und ähnelt mehr dem Magnetit; der Wert $a_0 = 8{,}365$ entspricht genau dem *Magnesioferrit.* Es ist allerdings darauf aufmerksam zu machen, daß die äußersten Partien für diesen erheblich zu durchscheinend sind, andererseits sind aber auch schon wegen zu geringer Härte Al-reiche Spinelle ausgeschlossen. Wir müssen also mit *einer ganz starken Magnesia-Zufuhr* aus dem Basalt rechnen, wie sie im kleinen Umfang und früher auch bei Ilmenit-Geikielit stattfand. Diese setzt offenbar sofort ein, wenn das als solches vom Basalt unangreifbare Eisen „pneumatolytisch" zu oxydieren beginnt und bildet im Magnesioferrit ein Zwischenglied der Resorption dieser im Grunde natürlich mit dem Magma nicht im Gleichgewicht stehenden Einschlüsse. Daß diese Spinellmassen eindeutig Pseudomorphosierungen des Eisens darstellen, ist erstens an den Übergängen, in isolierten Massen aber an den typischen Ilmenitkrusten des Eisens noch erkennbar (Abb. 9).

Strukturen sulfidreicher Eisenmassen

Schon S. 9 war gesagt, daß die Eisenvorkommen in kieselsäurereicheren Einschlüssen einmal relativ viel ärmer an Eisen, dann reicher an Sulfid und schließlich insgesamt gegen den Basalt viel schärfer abgesetzt sind. Dünnschliffe zeigen oft noch massenhafte Relikte von Quarzkörnern in Glas und Augitneubildungen. — Der Eisenanteil (flächenmäßig!) ist sehr wechselnd, bleibt aber im Durchschnitt unter 10%, etwa ebensoviel kann das Sulfid ausmachen, doch tritt es in den meisten Einschlüssen gegen Fe zurück. Partien, die nebeneinander Eisen und Troilit führen, zeigen interessante Strukturen der Schmelzerstarrung und der wechselseitigen Lösungsbeziehungen im Augenblick der Erstarrung (Abb. 10, 11). Oft finden sich *Eisen, Sulfid, Magnetit* und *Gesteinsglas jeweils in Tropfenform wechselseitig ineinander eingeschlossen*, beweisend, daß im Augenblick der Erstarrung eine Emulsion nicht mischbarer Flüssigkeiten vorlag. Das ist natürlich besonders wichtig im Falle Silikatglas-Magnetit, wo unbegrenzte Mischbarkeit immer wieder postuliert und als Gegenargument für „Liquation“ bei Bildung der magmatischen Eisenoxydlagerstätten herangezogen wurde. Wenn schon in dieser sehr heißen Schmelze (> 1100°) Magnetit in Tropfen im Gestein und im Sulfid und gleichzeitig Gesteinsglas in Tropfen im Sulfid beobachtet ist, so beweist das eben, daß *bei dieser Temperatur die Mischbarkeit* Fe_3O_4*-Gesteinsschmelze* schon nicht mehr vollständig war. Bei niedriger Temperatur ist natürlich mit erheblich größerer Mischungslücke zu rechnen. Damit wäre bei einer durch Beimengungen leichtflüchtiger Komponenten im Erstarrungsintervall herabgedrückten Schmelze die weitgehende Trennung Silikat-: Oxydschmelze zu erwarten, übrigens ganz nach der in der Arbeit von R. FISCHER (12) dargestellten Form!

Gewisse Einzelheiten in den Strukturen verdienen noch Erwähnung. So führen manche Fe-Kügelchen kleine Gasblasen in Form kubooktaedrischer Negativkristalle. Auch Troilit und Magnetit können Gasporen zeigen. Bei den in Troilit eingeschlossenen Eisentropfen schiebt sich manchmal zwischen Eisen und Troilit eine Magnetitzone, z. T. von halbmondförmigem Querschnitt.

Sulfidische Kupfermineralien, die das Eisenvorkommen von Ovifak in nicht ganz kleiner Menge führt und die z. Z. von anderer Seite bearbeitet werden (die Arbeit von LÖFQUIST u. BENEDICKS kann in dieser Hinsicht als überholt gelten!), führt das Bühl-Eisen, soweit beobachtet, nicht. Auch fehlen ihm die in Ovifak häufigen, aus Zerfall von Cohenit stammenden Neubildungen von Graphit.

Zusammenfassung

Die Vorkommen von ged. Eisen des Bühls bei Kassel sind wenigstens z. T. anders zu deuten, als das durch W. EITEL geschah. Die Herkunft aus Pyritknollen der Braunkohle ist viel unwahrscheinlicher als eine solche aus Spateisensteinknollen.

Eine, aber nur eine einzige Knolle enthielt in Zwickeln zwischen den rundlichen Eisentropfen ein würfelig spaltendes Mineral, das eindeutig Steinsalzgitter besitzt mit a_0 etwa 5,15 Å. Seine Deutung steht noch aus, da unter den bekannten Substanzen mit Steinsalzgitter keine richtig paßt, bzw. wie FeTi erzmikroskopisch ausgeschlossen ist. FeO kommt wegen viel kleinerer Gitterkonstante keinesfalls in Frage. Wahrscheinlich ist es ein *MnS-FeS-Mischkristall* mit *überwiegendem FeS*.

Mehrere andere Proben führen recht verbreitet Oktaeder des „*Ulvöspinells*“ Fe_2TiO_4, der oft in allen Stadien unter Bildung von Ilmenit + Magnetit, also unter Oxydation, oder ohne diese zu Ilmenit + Magnetit + Fe zerfällt. Dieses Eisen bildet dann einen fast submikroskopischen Schwamm in Ulvöspinell. Es ist das eine neue Möglichkeit der Bildung von gediegen Eisen.

In den Knollen von Eisen sind oft die äußersten Partien zerstört unter Erhaltung der Strukturen, insbesondere der Umkrustung mit dünnsten Ilmenittafeln. Diese Zerstörung ist keine Verwitterung, obwohl sie in traubig-nieriger Form und rhythmisch vor sich geht, sondern eine sehr hochtemperierte Umwandlung in Magnetit, der dann außen allmählich durch Mg-Zufuhr in Magnesioferrit und vielleicht weiter umgewandelt wird.

In den eisenärmeren Knollen ist etwas häufiger auch Troilit vorhanden. Die sehr interessanten Strukturen zeigen, daß im Augenblick der Erstarrung zwischen Fe-, FeS-, Magnetit- und Silikatschmelze keine vollständige Mischbarkeit bestand, sondern eine Emulsion von vier schmelzflüssigen Phasen vorlag.

Schrifttum

1. Eitel, W., Studien über die Genesis der Einschlüsse des Bühlbasaltes. Abh. Senckenb. Naturf. Ges. **37,** 326—328 (1920).

2. Irmer, W., Der Basalt des Bühls bei Kassel und seine Einschlüsse von Magnetit, Magnetkies und ged. Eisen. Abh. Senckenb. Naturf. Ges. **37,** 91—108 (1920).

3. Betechtin, A. G., Die Paragenese der Erzmineralien in den Systemen Fe-S-O und Cu-Fe-S-O. Nachricht Akad. Wiss. (Akadem. nauk) U.S.S.R. Geol. Ser., Nr. 5 (1950).

4. Ramdohr, P., Beobachtungen an opaken Erzen. Archiv f. Lagerstättenkunde **34** (1924) (30 S.).

5. Ramdohr, P., Die Erzmineralien und ihre Verwachsungen. Berlin 1950.

6. Brun, A., La Iozite mineral constituant des laves des vulcans modernes. Schweiz. Min. Petr. Mitt. **4,** 355—356 (1924).

7. Brun, A., La Jozite ... (Original nicht zugänglich). Archives des Sciences Physiques et Naturelles Genêve, Août 1924.

8. Schenk, R., u. Dingmann, Th., Gleichgewichtsuntersuchungen über die Reduktions-, Oxydations- und Kohlungsvorgänge beim Eisen. III. Ztschr. anorg. Chemie **166,** 141 (1927).

9. Vogel, R., u. Martin, E., Das System Eisenoxydul-Eisenoxyduloxyd. Archiv f. Eisenhüttenwesen **6,** 109 (1932).

10. Mogensen, E., A ferroorthotitanate ore from Södra Ulvön. Geol. Fören. Förh. **68,** 578—588 (1946).

11. Hjelmquist, Sv., The titaniferous iron-ore deposit of Taberg in the South of Sweden. Sver. Geol. Undersök. Årsbok **43,** No. 10, 1—55 (1949).

12. Fischer, R., Entmischungen in Schmelzen aus Schwermetalloxyden, Silikaten und Phosphaten. Ihre geochemische und lagerstättenkundliche Bedeutung. N. Jahrb. Min. Beil. B. **81,** Abt. A, 315—364 (1951).

Abbildungen

Abb. 1 a. Eisen, ärmerer Typ, hier so gleichmäßig feinkörnig, daß man an gemeinsame Entstehung etwa aus einheitlichem Eisenkarbonatkristall oder Aggregat denken möchte. Vereinzelte große Quarzkörner. Übersichtsaufnahme 12×.

Abb. 1 b. Dasselbe; die Quarzkörner, hier hauptsächlich mit Glassaum, und die Augit-reiche Füllmasse sind gut erkennbar. Eisen (reinweiß) in unregelmäßigen Formen (die „Lichthöfe" beruhen größtenteils auf Durchleuchten unterliegender Partien). 150×.

Abb. 2 a. Eisen, reicherer Typ. Zusammenhängender Schwamm von Eisen mit Silikatmasse, die sich nicht wesentlich von dem geschlossenen Basalt (oberer Rand der Abb.) unterscheidet. Übersichtsaufnahme 12×.

Abb. 2 b. Dasselbe. In der Mitte idiomorpher, etwas skelettförmiger Kristall von „Ulvöspinell". 150×.

Abb. 2 c. Ähnl. 2 a, b, aber mehr zusammenhängende Eisenmassen. 150×.

Abb. 3. Unbekanntes Mineral (grau) neben Eisen (weiß) und etwas Magnetkies (grauweiß). Am Rande nach Gangart einige Tafeln von Ilmenit (bzw. „Pikroilmenit"). 600×, Immersion.

Abb. 4. Unbekanntes Mineral (grau), zeigt deutliche Spaltbarkeit nach (100) neben Magnetkies (lichtgrau, mit Schnittlage etwas verschieden), reichlich ged. Eisen (reinweiß) und einem Schmelztropfen von Magnetit (dunkelgrau). 600×, Immersion.

Abb. 5. „Ulvöspinell" in vorgeschrittenem Stadium der Umsetzung unter Bildung von Ilmenitlamellen, ged. Eisen, Magnetit (im Bild von Ilmenit nicht sicher unterscheidbar), Spinell (schwarz, neben den Ilmenitlamellen), daneben (groß) Eisen und jüngerer, aus Eisen entstandener Magnetit. 600×, Immersion.

Abb. 6. Ähnlich 5. Die Umbildung ist aber örtlich begrenzter.

Abb. 7. Dasselbe; die Umbildung geht hier sehr weit. Man erkennt, wie in 5 gut, daß der frische Ulvöspinell erheblich dunkler als Magnetit ist, der hier auch als Füllsel zwischen den Eisenkörnern auftritt.

Abb. 8. Magnetit im Übergang zu Magnesioferrit (von fast reinweiß zu dunkelgrau, z. T. rhythmisch). Die Form des ehemaligen Eisenkorns ist durch Ilmenittafeln (reinweiß) gekennzeichnet. In der Gangart ist der relativ stark reflektierende Augit gut erkennbar. 350×, Immersion.

Abb. 9. Ähnliche Partie wie 8, in der aber kein Magnetit mehr vorliegt. Dagegen ist der Cementit- (Cohenit-) Anteil des resorbierten Eisens wohlerhalten (reinweiß, fein fingerförmig). Alte Kontur wieder durch Ilmenittafeln erkennbar. 350×, Immersion.

Abb. 10. Eisentropfen umhüllt von Troilit, in dem auch kleine tropfenförmige Einschlüsse von Gangart und Magnetit (wenig deutlich) enthalten sind. 350×, Immersion.

Abb. 11. Troilitpartie mit Tropfen von Eisen und Magnetit, dazu einigen Glastropfen. Neben „primärem" Magnetit solcher, der in Randpartien des Eisens aus ihm entstand. 350×, Immersion.

1a

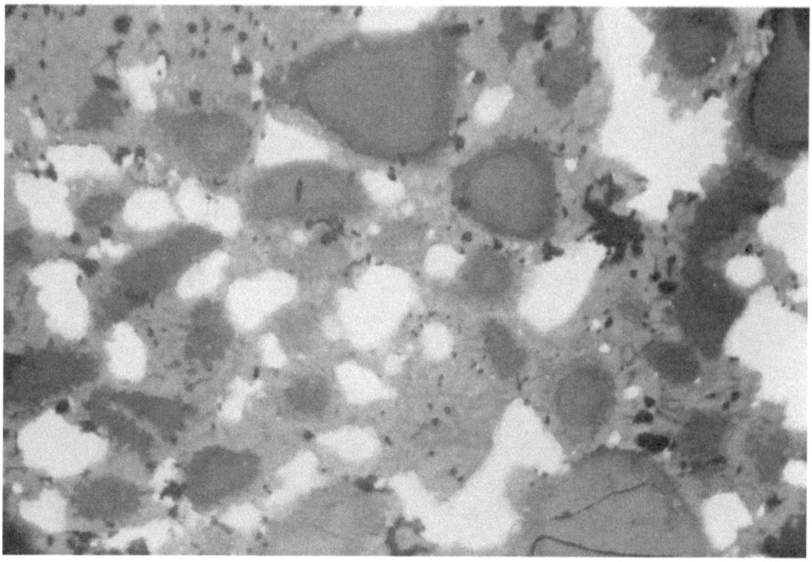
1b

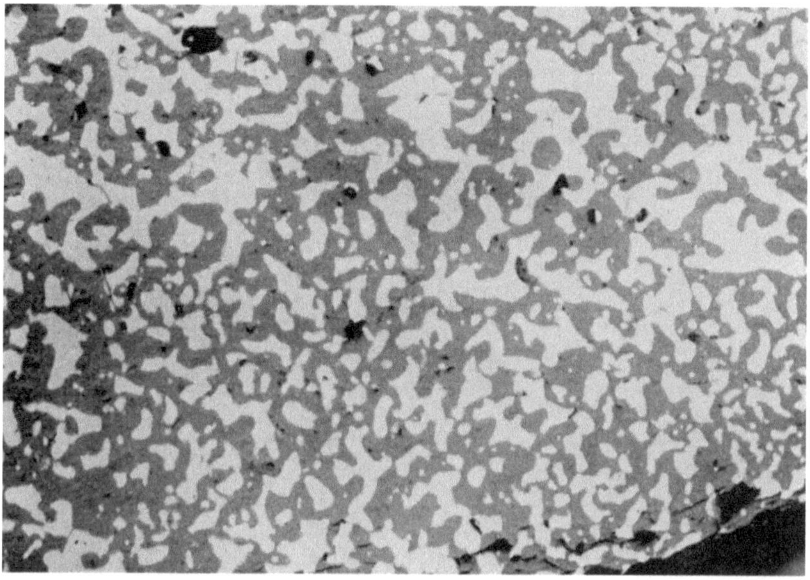

2a

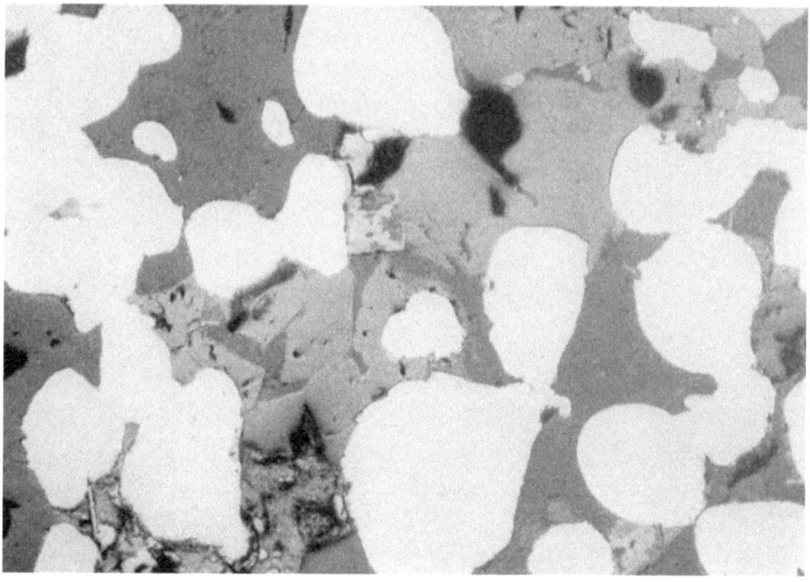

2b

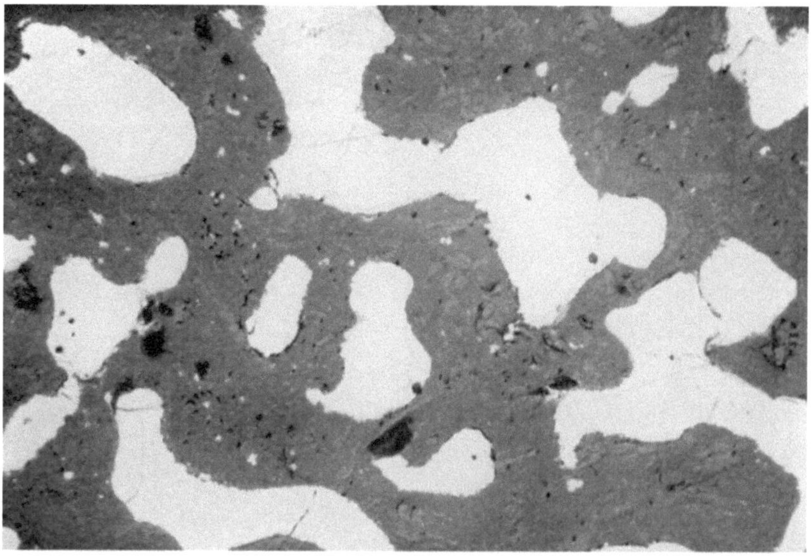

2c

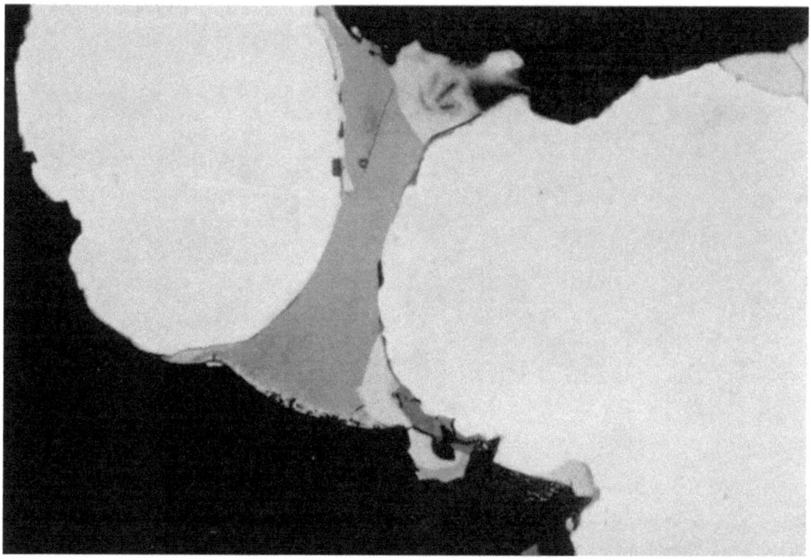

3

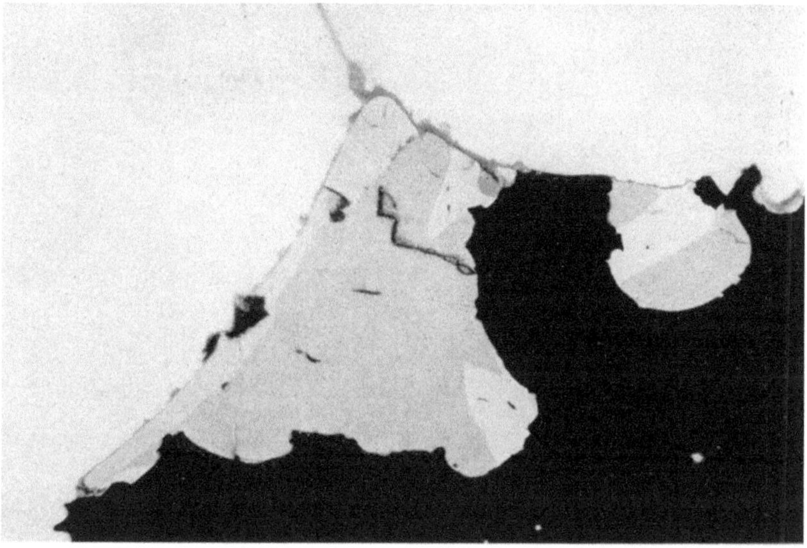

4

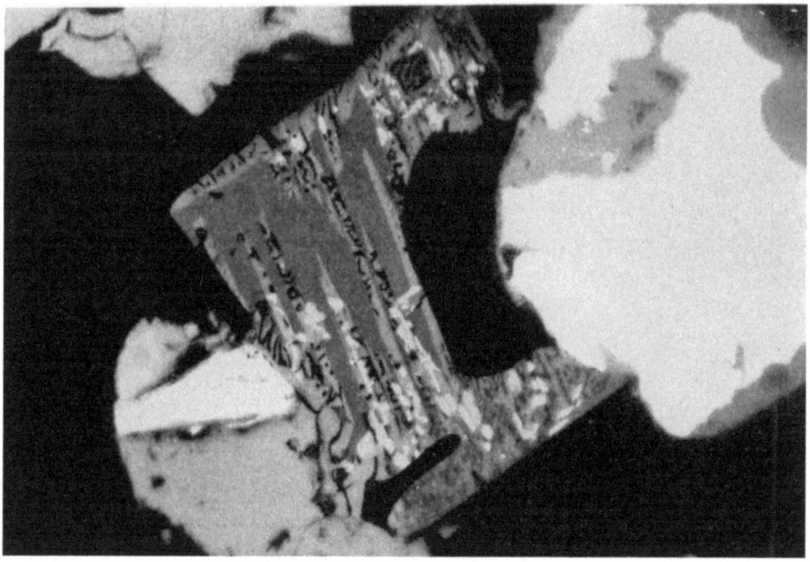

5

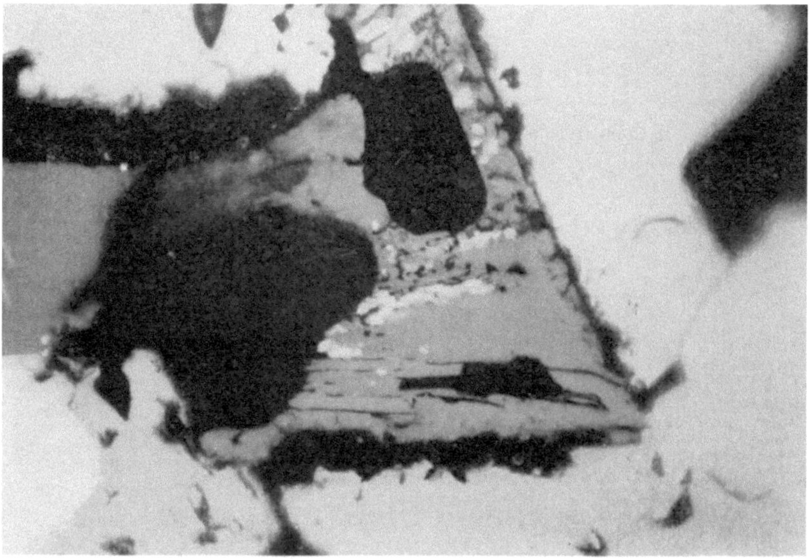
6

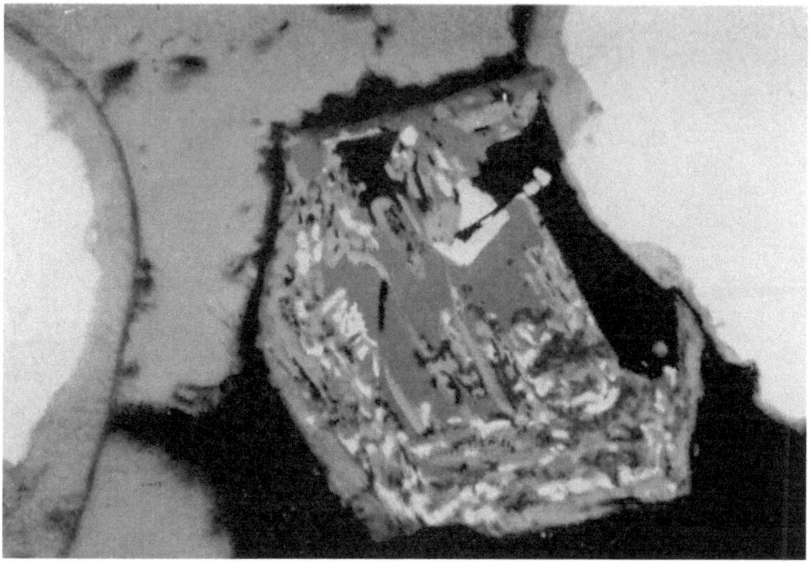
7

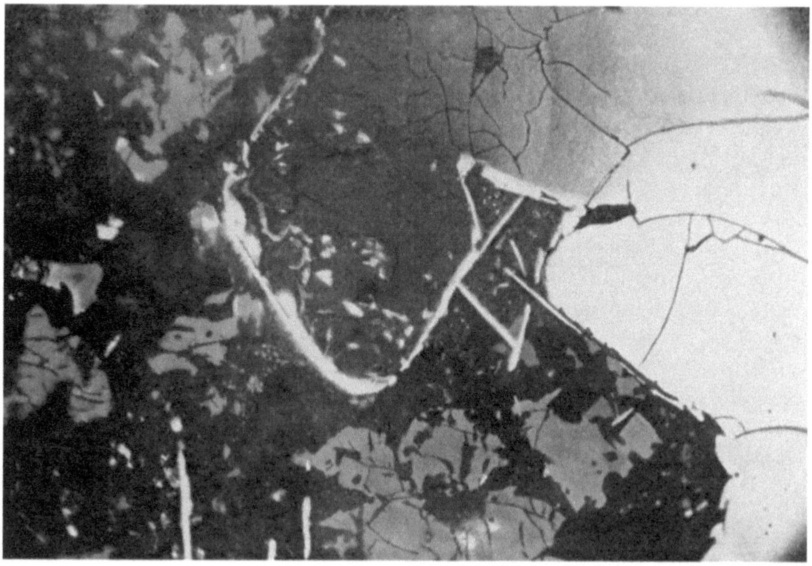

8

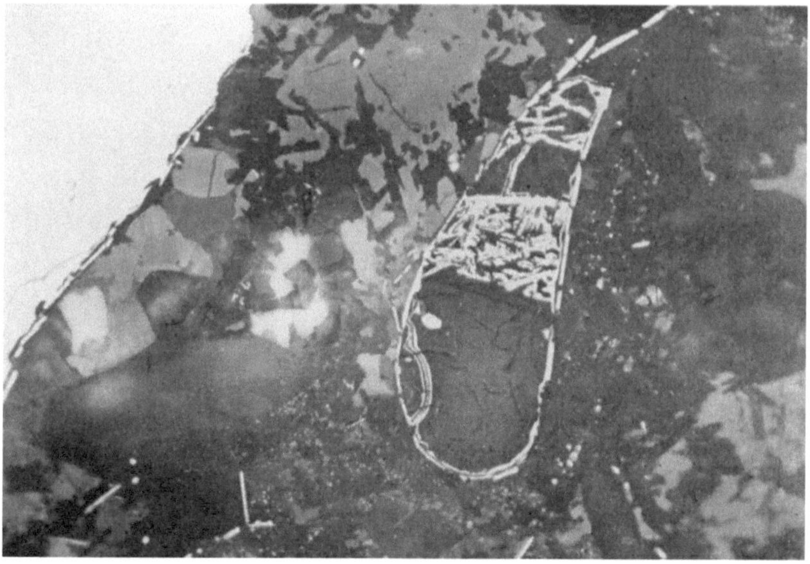

9

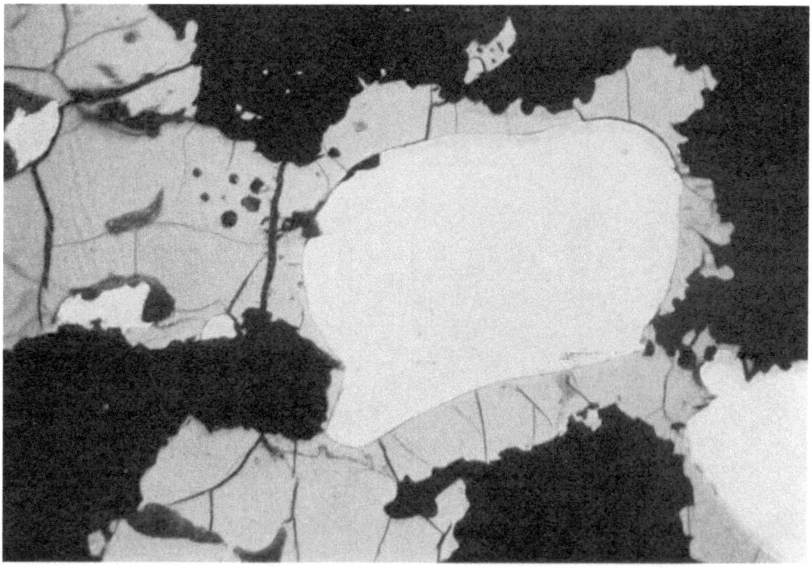

10

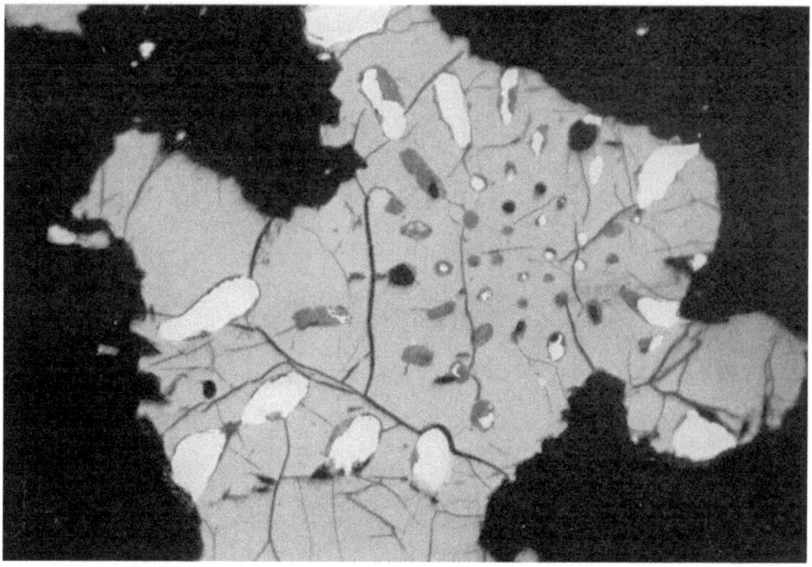

11

Bei Fragen zur Produktsicherheit wenden Sie sich bitte an:
If you have any questions regarding product safety,
please contact:

Walter de Gruyter GmbH
Genthiner Straße 13
10785 Berlin
productsafety@degruyterbrill.com